Diese Zahlen kann ich schon schreiben.

1

› Zahlen eintragen, die das Kind schon schreiben kann.

Die Zahl 1

eins

1

› Die Zahl 1 nachspuren und schreiben.

1	1	1									
1											
1	1										

Immer 1.

1

1

1

› Die Zahl 1 nachspuren und schreiben.
Unten die Anzahl bestimmen und jeweils ein Tier, einen Gegenstand oder eine Form in die leeren Kästchen zeichnen.

Die Zahl 2

zwei

II

2

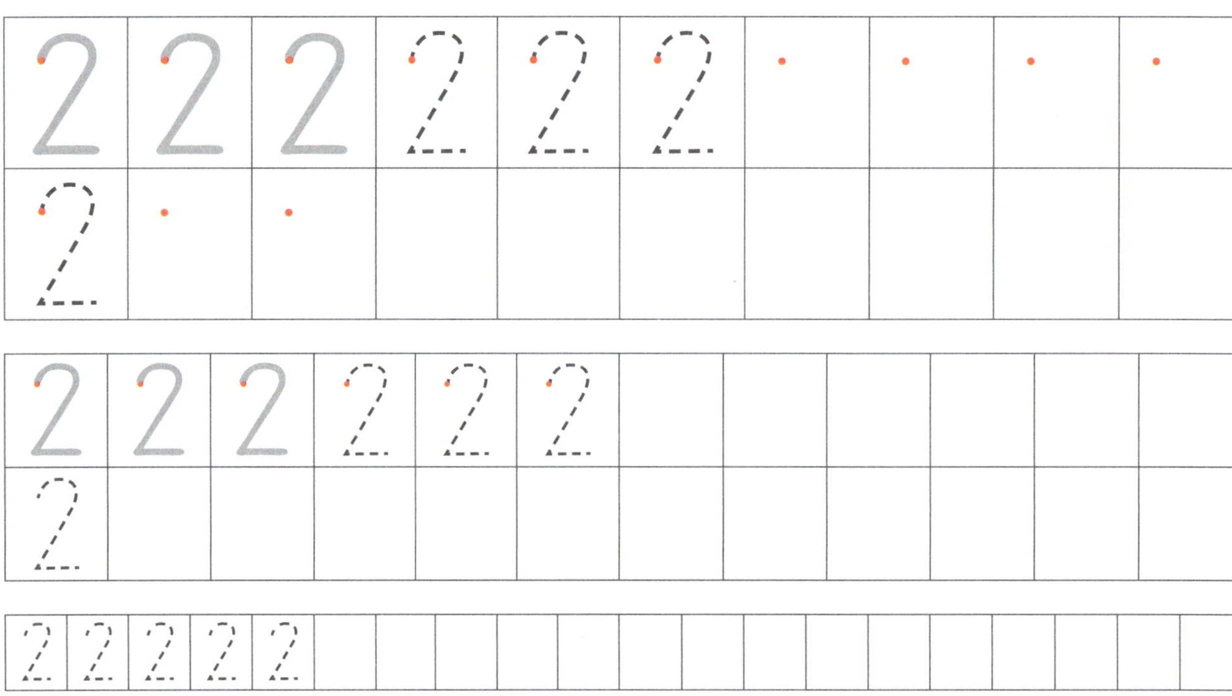

› Die Zahl 2 nachspuren und schreiben.

2	2	2									

2											

1	2	1	2	1	2						

Immer 2.

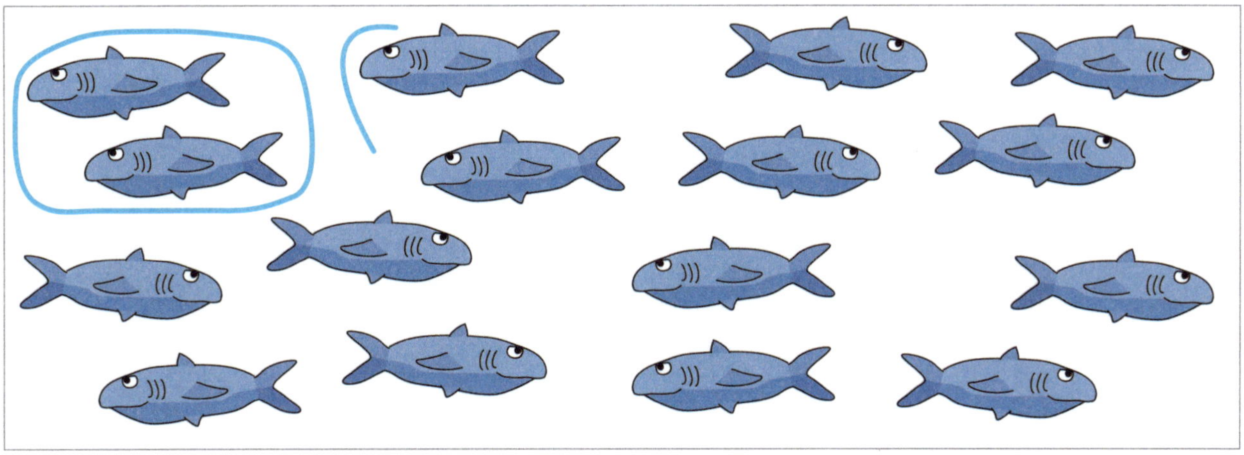

› Die Zahlen nachspuren und schreiben. Unten immer zwei Fische einkreisen.

Die Zahl 3

drei

|||

3

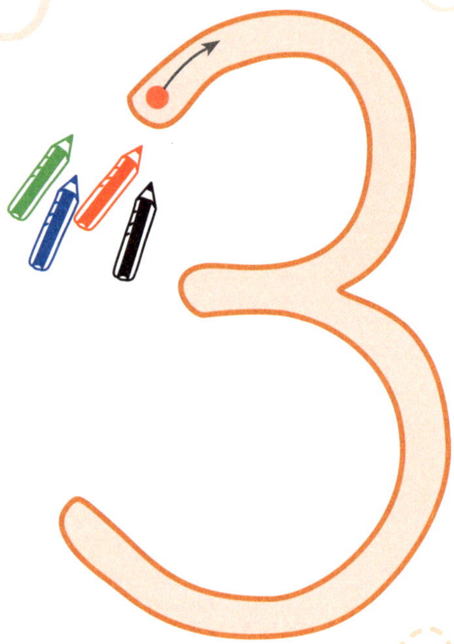

› Die Zahl 3 nachspuren und schreiben.

3	3	3									
3											
1	2	3	1	2	3						

Immer 3.

3

3

3

3

› Die Zahlen nachspuren und schreiben. Unten jeweils zu drei Gegenständen, Tieren oder Formen ergänzen.

Die Zahl 4

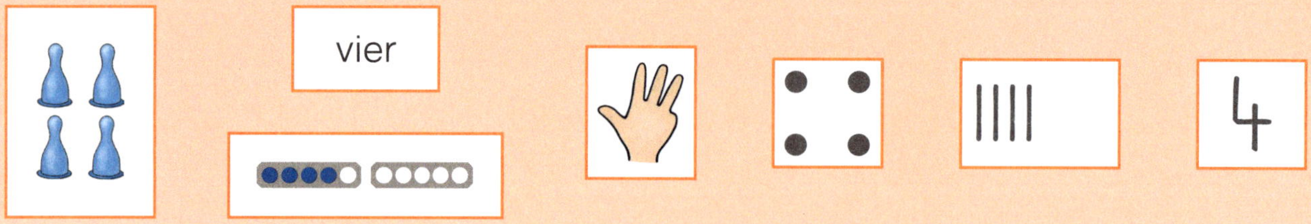

› Die Zahl 4 nachspuren und schreiben.

4	4	4									
4											
2	3	4	2	3	4						

Immer 4.

› Die Zahlen nachspuren und schreiben. Unten immer vier Schiffe einkreisen.

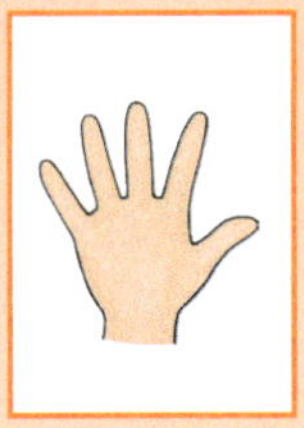

fünf

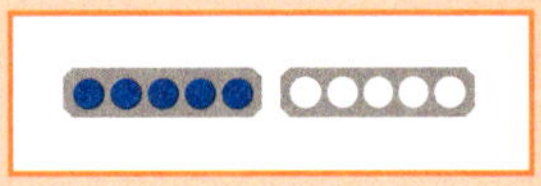

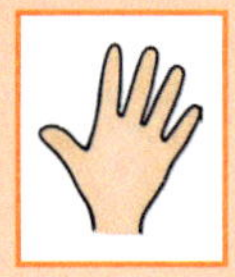

5

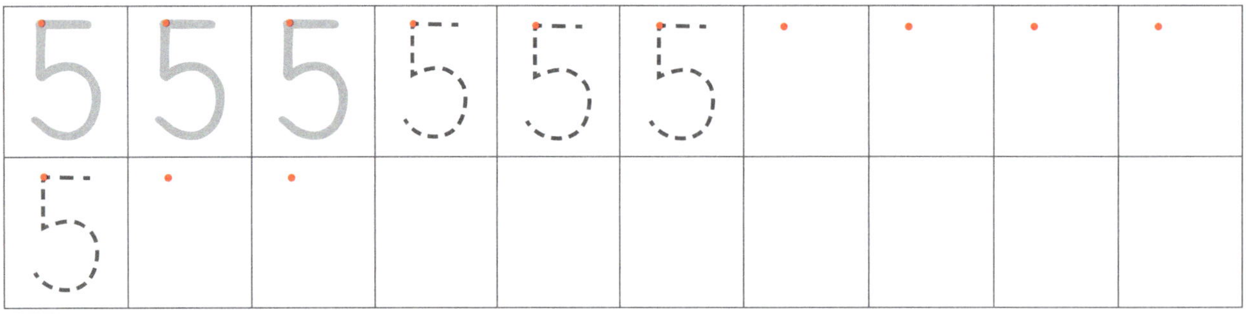

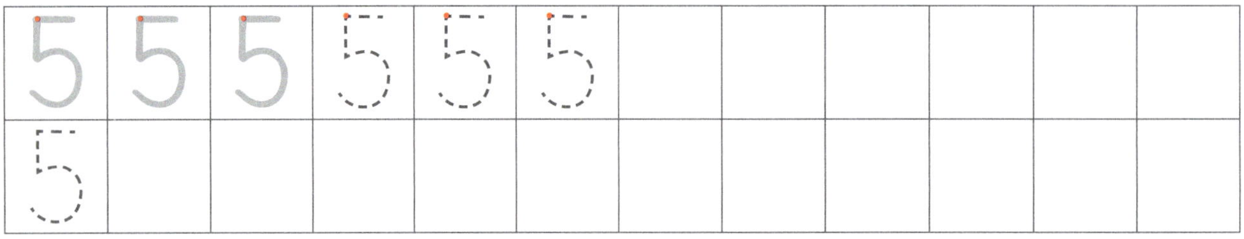

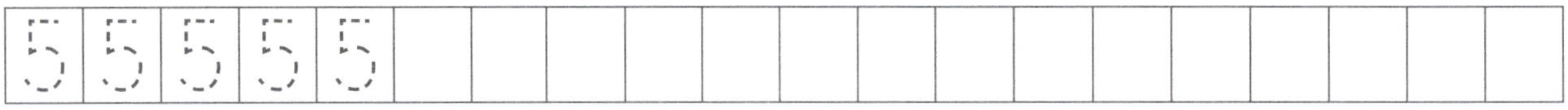

› Die Zahl 5 nachspuren und schreiben.

5	5	5									

5											

3	4	5	3	4	5						

Was ist 5?

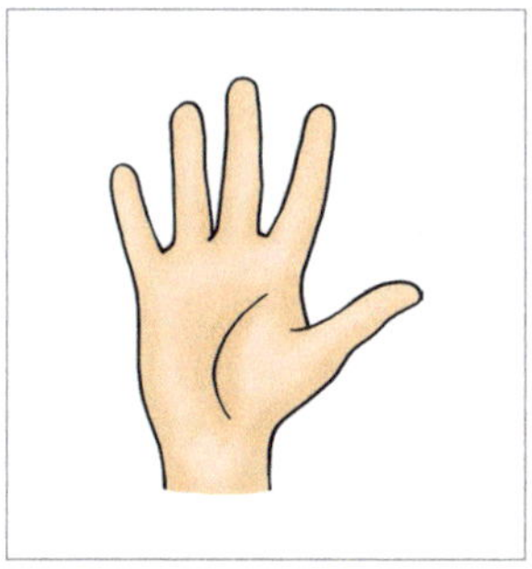

› Die Zahlen nachspuren und schreiben. Unten ankreuzen, wo fünf Dinge abgebildet sind.

Die Zahl 6

sechs

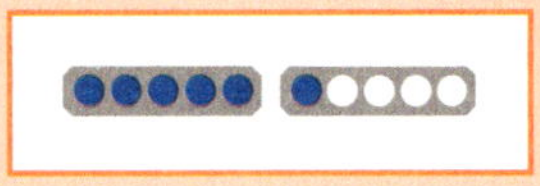

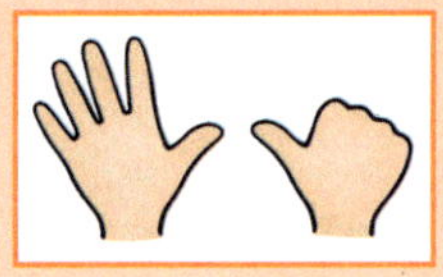

6

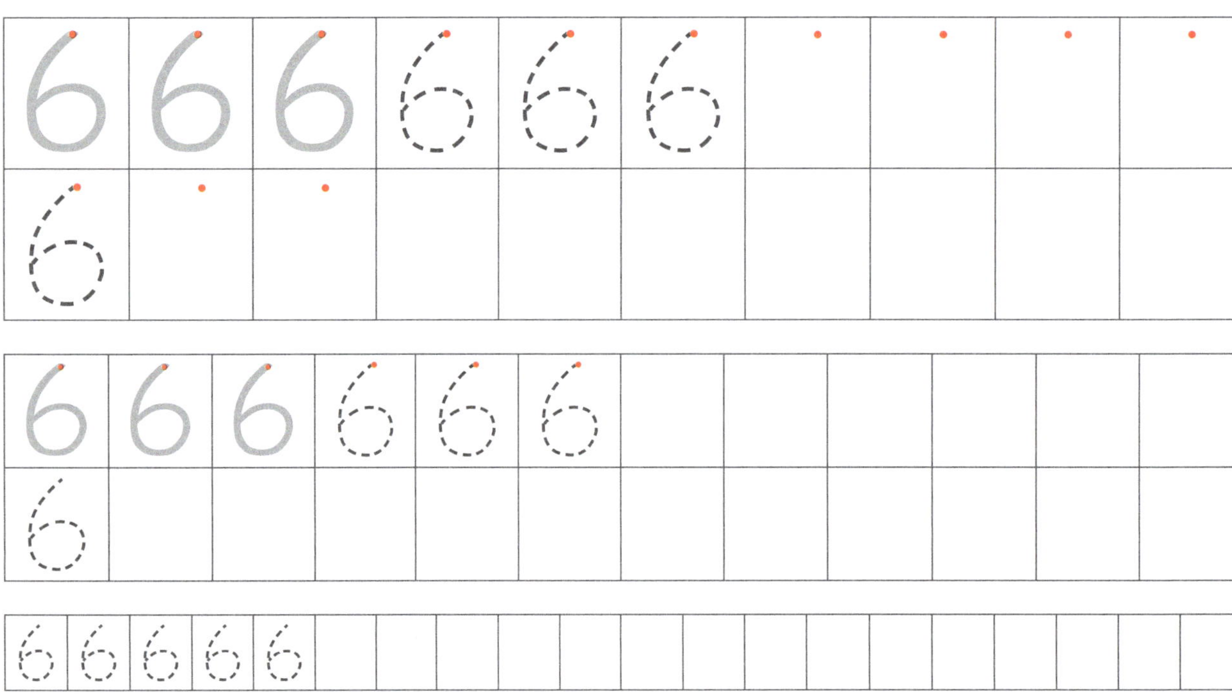

› Die Zahl 6 nachspuren und schreiben.

6	6	6									
6											
4	5	6	4	5	6						

Immer 6.

› Die Zahlen nachspuren und schreiben. Unten immer sechs Regentropfen einkreisen.

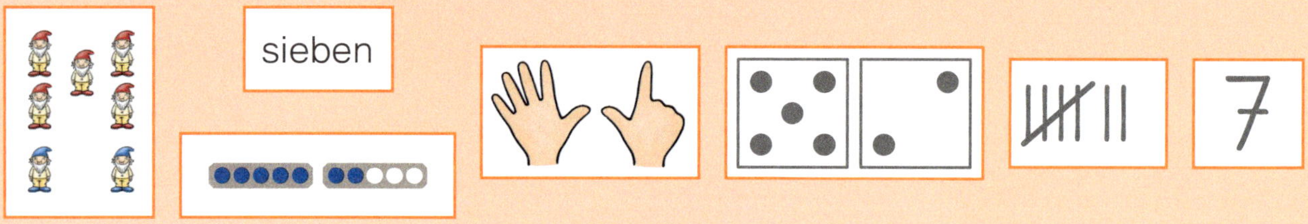

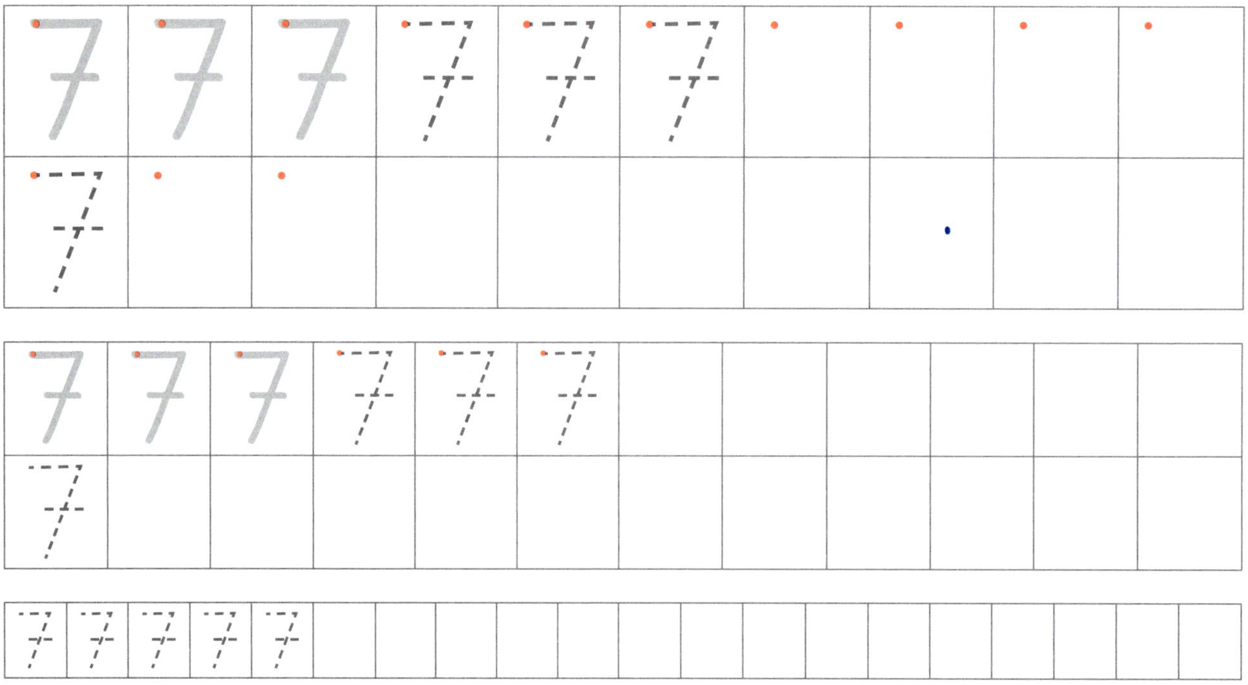

› Die Zahl 7 nachspuren und schreiben.

7	7	7									

5	6	7	5	6	7						

Was ist 7?

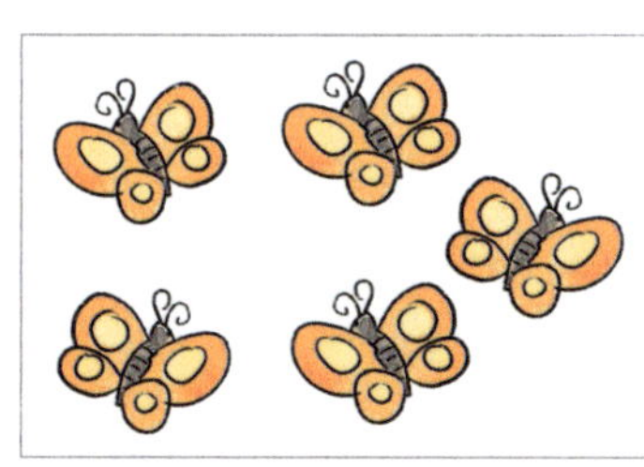

› Die Zahlen nachspuren und schreiben. Unten ankreuzen, wo sieben Tiere abgebildet sind.

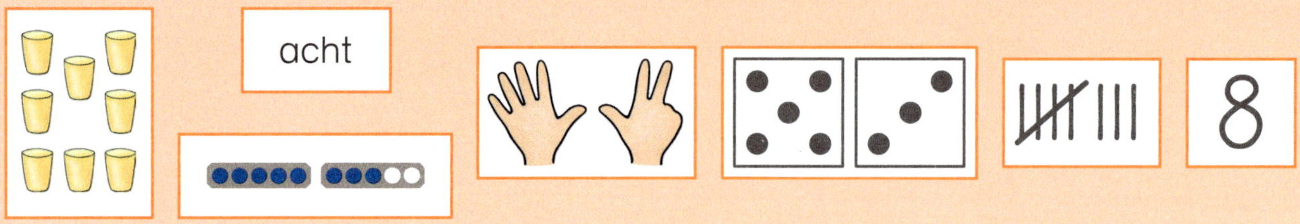

› Die Zahl 8 nachspuren und schreiben.

8	8	8									
8											
6	7	8	6	7	8						

Immer 8.

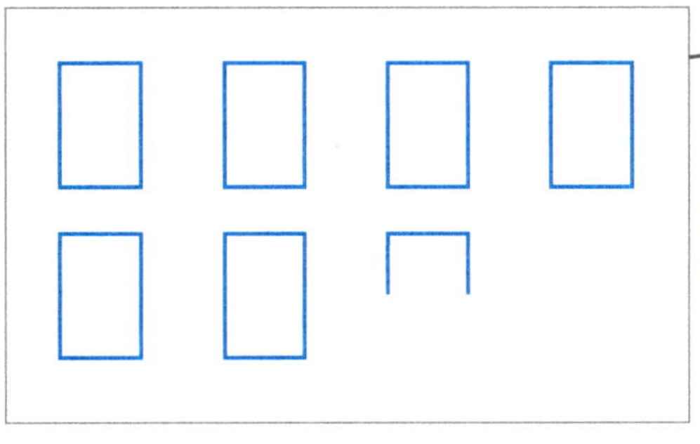

8

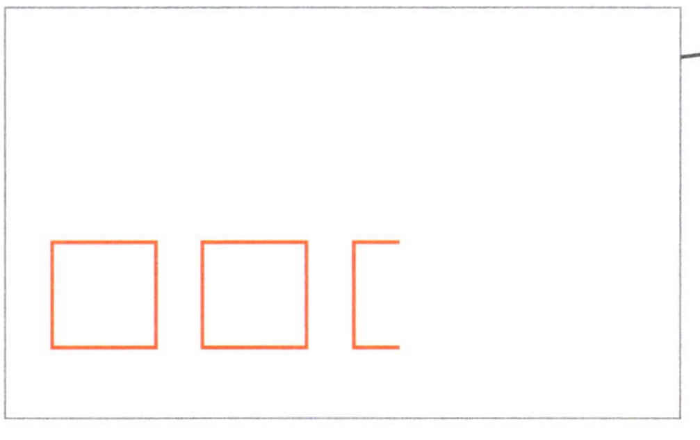

8

8

8

› Die Zahlen nachspuren und schreiben. Unten jeweils zu acht Formen ergänzen.

Die Zahl 9

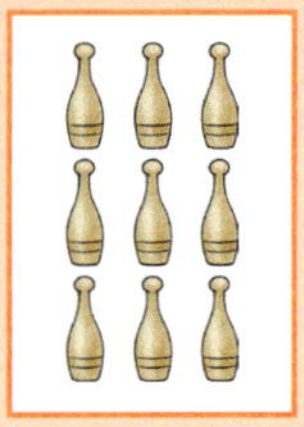

neun

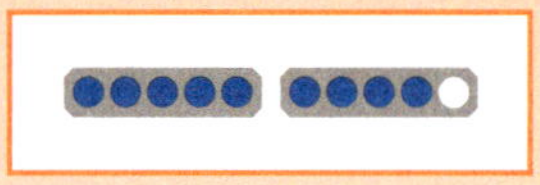

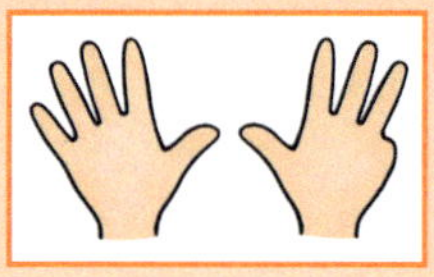

9

› Die Zahl 9 nachspuren und schreiben.

9	9	9									
9											
7	8	9	7	8	9						

Immer 9.

› Die Zahlen nachspuren und schreiben. Unten jeweils zu neun Blüten oder Blättern ergänzen.

Die Zahl 0

null

0

› Die Zahl 0 nachspuren und schreiben.

0											

1	0	1	0								

0	1	0	1								

Was ist 0?

› Die Zahl 0 nachspuren und schreiben. Unten ankreuzen, wo null Tiere abgebildet sind.

Die Zahlen von 0 bis 9

0	0	0						
1	1	1						
2	2	2						
3	3	3						
4	4	4						

5	5	5						
6	6	6						
7	7	7						
8	8	8						
9	9	9						

1	2	3	1	2	3						

4	5	6	4	5	6						

7	8	9	7	8	9						

3	5	7	3	5	7						

Färbe passend.

1 2 3 4 5 6 7 8 9

› Oben die Zahlenfolgen fortsetzen. Unten die Felder entsprechend der angegebenen Farben anmalen.

2	2	5	2	5	2	2	5	2	5	2	2	5	2	5	2	2	5	2	5	2
5	5	2	5	2	5	5	2	5	2	5	5	2	5	2	5	5	2	5	2	5

6	6	9	9	6	6	9	9	6	6	9	9	6	6	9	9	6	6	9	9	6
9	9	6	6	9	9	6	6	9	9	6	6	9	9	6	6	9	9	6	6	9

Welches Bild ist genau gleich?

 ○

 ○

 ○

Finde die 2 und male an.

Finde die 5 und male an.

› Oben Zahlen suchen und in der angegebenen Farbe anmalen. In der Mitte das genau gleiche Bild ankreuzen. Unten Zahlen suchen und anmalen.

5	9	2	9	2	6	2	6	2	9	2	9	2	6	2	6	2	9	2	9	2
6	2	5	2	9	2	3	2	9	2	5	2	9	2	3	2	9	2	5	2	9
9	5	6	5	2	3	6	3	2	5	6	5	2	3	6	3	2	5	6	5	2
3	2	5	2	9	2	3	2	9	2	5	2	9	2	3	2	9	2	5	2	9
2	9	2	9	2	6	2	6	2	9	2	9	2	6	2	6	2	9	2	9	2

Welches Bild ist genau gleich?

Finde die 8 und male an.

Finde die 7 und male an.

› Oben Zahlen suchen und in der angegebenen Farbe anmalen. In der Mitte das genau gleiche Bild ankreuzen. Unten Zahlen suchen und anmalen.

Mengen einkreisen

Immer 2.

Immer 2.

Immer 3.

Immer 3.

Immer 4.

Immer 4.

› Entsprechende Anzahl an Tieren einkreisen.

Immer 3.

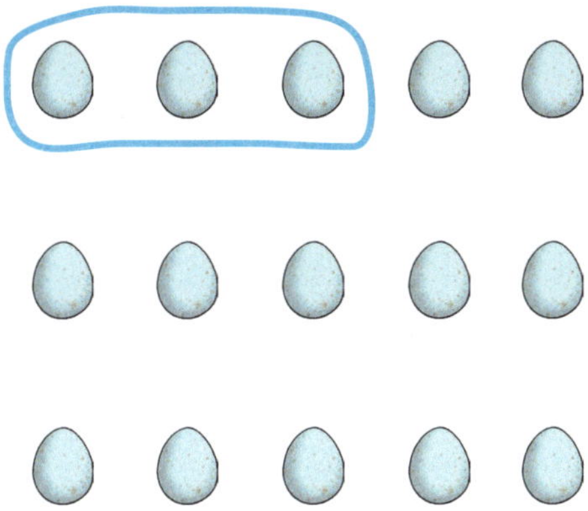

Immer 2.

Immer 4.

Immer 5.

Immer 6.

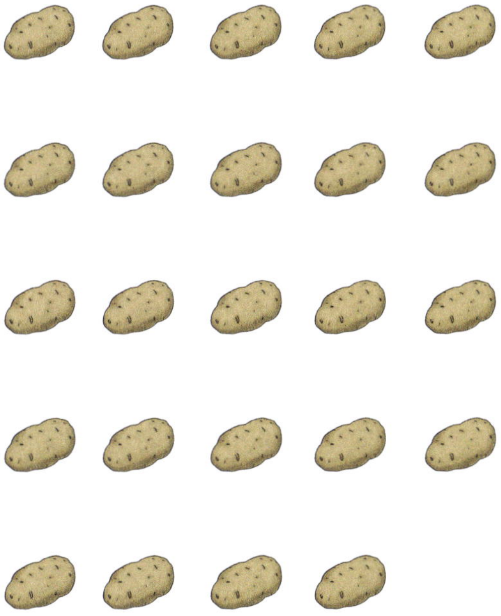

Immer 7.

› Entsprechende Anzahl an Dingen einkreisen.

9

› Jeweils die Anzahl bestimmen und eintragen.

3

4

6

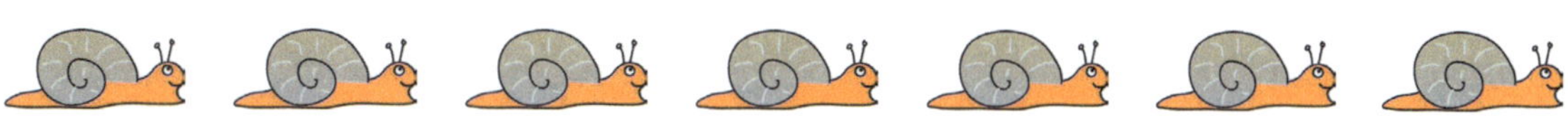

› Jeweils die Anzahl bestimmen und eintragen.

5

4

3

5

6

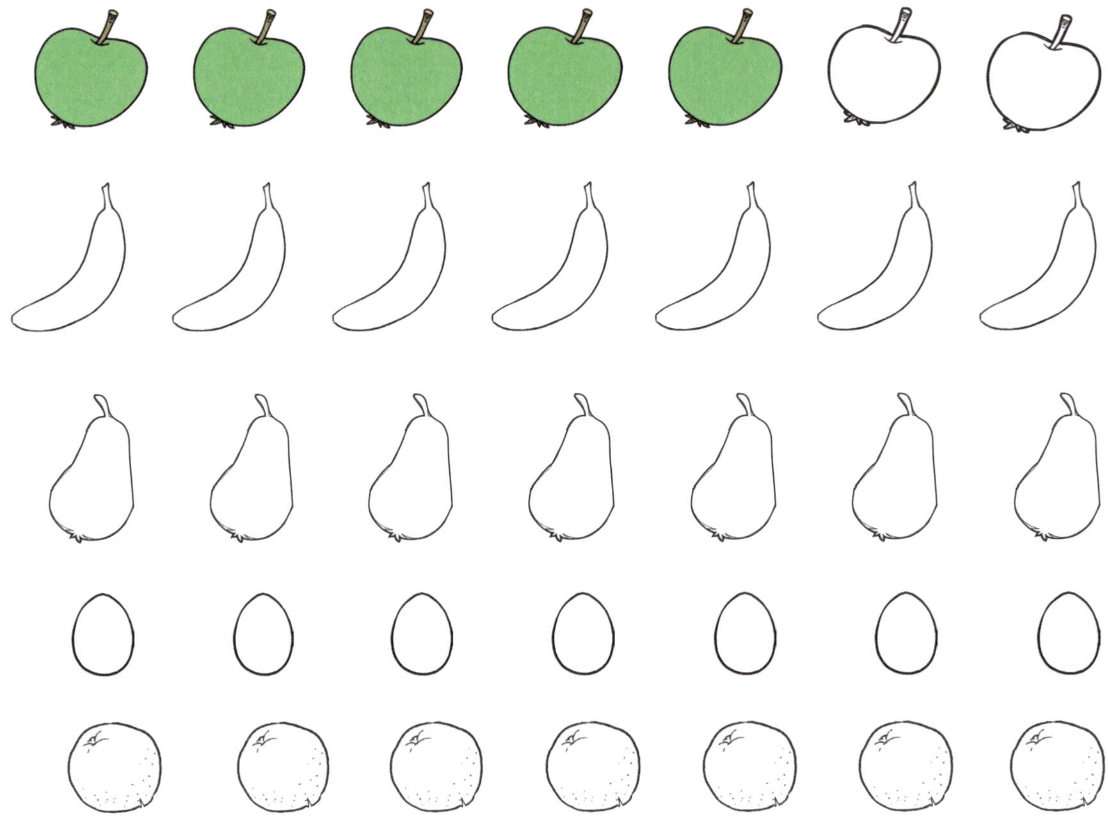

7

5

3

10

6

8

› Jeweils die passende Anzahl anmalen.

4 5 3 0 6

3 7 6 8

5 1 6 2 3 4

3 2 5 4

› Jeweils die vorgegebene Anzahl von Punkten bzw. Dingen malen.

Im Bild haben sich die Zahlen von 0 bis 9 versteckt.
Suche sie und spure sie in verschiedenen Farben nach.

› Zahlen von 0 bis 9 suchen und nachspuren.